OFUS

LEHRBUCH

2. Auflage

Zentrale EUROPA:

Hermann Decker

Verlag und Druck: tredition GmbH, Halenreie 40-44, 22359 Hamburg
Wir danken allen,
die zur Herstellung dieses Buches beigetragen haben.

Wer sind wir?

OFUS

ORGANISATION FOR UNDERWATER - SCIENCE

WE ARE EXPERTS FOR MARINE INVERTEBRATES; LOWER ANIMALS AND MICROORGANISMS

THE MAIN OFFICE IS IN A-3843 DOBERSBERG, KARLSTEINERSTRASSE 23, AUSTRIA

OFUS ist eine Organisation für Unterwasserforschungen jeglicher Art.

Entstehung der Organisation

OFUS wurde in Nürnberg 1987 gegründet. Ich trat der Organisation bei, da ich mich für „niedere Tiere" interessierte.
Wir arbeiteten dann mit verschiedenen Organisationen für Meeresbiologie in aller Welt zusammen.
Jeder hatte ein anderes Wissensgebiet und man tauschte die Erfahrungen aus. Ich wurde nach Abschlussprüfung am 09.05.1994 OFUS-UNDERWATER-NATURALIST-TRAINER und übernahm die Landesgeschäftsstelle in Österreich. Durch Todesfall des zuständigen Trainers in Nürnberg, wurde die Landesstelle aufgelöst.
Ich forschte dann intensiv im Indischen Ozean, vorwiegend in Mauritius und Kenia, aber auch in La Réunion, auf den Seychellen, sowie in der Adria

Weitere Forschungsarbeiten habe ich im Mittelmeer, hauptsächlich in Kroatien, durchgeführt.
Seit einigen Jahren beschäftige ich mich mit dem Roten Meer in Ägypten.
In allen angeführten Ländern wurden Zweigstellen von OFUS errichtet.
Wir befassen uns zur Zeit vorwiegend mit El Ninó, (Coral-bleaching) vor Ort, wobei wir in verschiedenen Tiefen Proben entnehmen und so feststellen können, wie weit sich die Steinkorallen erholen und in welchen Zeitraum.
Außerdem beobachten wir sämtliche andere Klein- und Kleinstlebewesen wegen dem biologischen Gleichgewicht. Auch schreiben wir über Katastrophen wie (Cyclone, Öltankerunfällen, Giftmüllentsorgung, Verschiebung der tektonischen Platten, Erforschung der Sprungschicht, chemische Zusammensetzung des Meerwassers, Erforschung von Microorganismen, Zooplankton, Verhaltensforschung, Vermehrung von niederen Tieren, Umweltschutz usw.) in den Weltmeeren.
Ich selbst halte seit geraumer Zeit Vorträge, für Taucher, in einem verständlichen Rahmen.
Ich hoffe noch viele meiner Tauchkollegen von Kleinstlebewesen und Korallen begeistern zu können.

Hermann Decker

Einführung in die Meeresbiologie für Taucher
Band 1

Zweite deutsche Ausgabe

Mai 2020

Einführung in die Meeresbiologie

Niedere Tiere 1

Grafische Gestaltung: Gerhard Kössner

Bilder: Manfred Mayer

Jürgen Hahn

Hermann Decker

Hermann Decker

Meeresbiologie für Taucher

Inhaltsverzeichnis

Vorwort

Ich habe dieses Buch geschrieben, da ich mich seit vielen Jahren mit Meeresbiologie beschäftigt habe. Ich tauche nun schon seit über 35 Jahren und so kam es, dass ich nach wunderschönen Tauchgängen enttäuschte Gesichter meiner Tauchkollegen sah. Sie teilten mir mit, keinen Hai, Delfin, Manta, oder andere Großfische gesehen zu haben, manche sahen sogar „gar nichts“ und das bei bester Sicht.
Mancher Taucher hat bunte Blümchen, Bäumchen, Pilze und bunte Steine gesehen, wunderbar!
Ich begann unter Wasser meinen Tauchkameraden Steinkorallen, Weichkorallen, Schwämme etc. zu zeigen und sie dann nach dem Tauchgang mit Hilfe von Lehrbücher bekannter Wissenschaftler und Forscher zu bestimmen.
Zu meiner Verwunderung hatte ich bis heute keinen Tauchkollegen, der sich nicht dafür zu interessieren begann. Im Gegenteil, ich konnte feststellen, dass sich einige auf die Bestimmung gewisser Tiere spezialisierten. So hielt und halte ich Kurse und Seminare ab und hoffe noch viele Taucher mit Meeresbiologie begeistern zu können.

Zur Bestimmung der Korallen empfehle ich das Buch von Julian Sprung (Dähneverlag)

„Korallen ein Bestimmungsbuch“.

Danksagung

Mein Dank richtet sich an alle, die zur Veröffentlichung meines Buches beigetragen haben.

Auch all die Diskussionen nach meinen OFUS Vorträgen mit meinen Tauchkollegen, haben mir wichtige Erkenntnisse vermittelt.

Mein besonderer Dank gilt meiner Familie, die mich bewog, meine Erfahrungen und Aufzeichnungen niederzuschreiben.

Sowie das Verständnis und die Mitarbeit von Frau Beate und Herrn Rene Starcevic, Tauchbasis in Pula Verudela Kroatien, Olga & Marin Nachfolger der Tauchbasis in Pula Verudela, Herrn Officer Rajiv Bheeroo Ministry of Agriculture, Fisheries and Co-operative Albion Fisheries Research Centre Albion, Republic of Mauritius, sowie den Hr. Minister Dr. Mohammed Salem Abdel Rahman, Marine Biologist, der es mir ermöglichte, kleine Korallenstücke dem Meer zu entnehmen, und nach eingehensten Studium wieder dort zurückzusetzen, wo ich Sie entnommen habe. Dafür habe ich eine schriftliche Erlaubnis, ebenso aus Mauritius!

Weiteres meinen beiden Freunden in Ägypten, auf der Dive-Runner, die Double-A-Divers, Herrn Andreas Beckerhinn & Herrn Andreas Scheiger, die mir auf Ihrem Tauchboot für meine Unterwasserforschungsarbeiten viel Verständnis entgegen gebracht haben.

Meinen langjährigen Freunden, Herrn Instructor Gerhard Kössner für die grafische Gestaltung und den Unterwasserfotografen Herrn Manfred Mayer sowie Herrn Jürgen Hahn, meinen Söhnen Hermann und Matthias

Decker, die mir vom Beginn an zur Seite standen, sowie meiner Lebensgefährtin Dir. Christine Schlögl der ich für Ihr Verständnis und Hilfsbereitschaft herzlich danken möchte.

Einführung

Korallenriffe: Bei diesem Wort denken wir unwillkürlich an tropische Meere, in denen es von bunten Fischen, Korallen, Muscheln und Schnecken wimmelt. Die Korallenriffe beherbergen eine unvorstellbare Vielfalt an Meerestieren und Algen in den verschiedensten Größen, Formen und Farben.
Allein bei den riffbildenden Steinkorallen, die ein Riff aufbauen, finden wir verschiedene Variationen, Formen und Farben. Lebensnotwendig für die Unterschiede sind Umwelteinflüsse wie Gezeiten, Wasserqualität und Nahrungsangebot.
In der vielfältigen Lebensgemeinschaft eines Riffs gibt es erstaunliche Wechselbeziehungen zwischen unterschiedlichen Lebewesen. So leben manche Fische oder Weichtiere in einer engen **Symbiose** (Lebensgemeinschaft) mit bestimmten Korallenarten.
Früher hielt man diese Wasserwesen aufgrund ihrer statischen Lebensweise und ihrer bunten blütenartigen Polypen irrtümlich für Pflanzen **(Leider auch heute noch)**.
Der Kapitän James Cook sammelte und bestimmte auf der Australien- und Südseereise 1768-1771 einige Korallen.
Einige dieser alten Korallenstücke sind noch heute eine Besucherattraktion, die man im William-Hunter-Museum der Universität von Glasgow bewundern kann.

Sir John Murray reiste 1874-1876 als Chefbiologie auf der HMS Challenger. Er vertrat die Ansicht, dass sich Korallen auf den höheren Gipfeln untermeerischer Bergketten ansiedeln können, die durch Ablagerung von Oberflächensedimenten den Korallen eine Tiefe gewährleisten, in der Wachstum gerade noch möglich ist.
Alle heutigen Riffe der Erde, befinden sich in relativ flachem Wasser. Einige davon sind jedoch mehrere hundert Meter hoch, da der Meeresboden in etwa der Rate gesunken bzw. der Meeresspiegel so weit gestiegen ist, wie die Korallen durch ihr Wachstum das Riff aufbauten.
Da das Korallenwachstum je nach Temperatur, Reinheit, und Nährstoffgehalt des Wassers zwischen fünf Zentimetern und zwei Metern pro Jahr schwankt, kann man schließen, dass manche ältere Riffe 10.000 bis 30.000 Jahre brauchten, um ihre heutige Größe zu erreichen.

Riffarten:

Die heutigen Korallenriffe lassen sich in vier Grundtypen einteilen:

- Wallriffe (auch Barriereriffe genannt)
- Saumriffe
- Atolle und
- Korallenbänke.

Schematische Darstellungen:

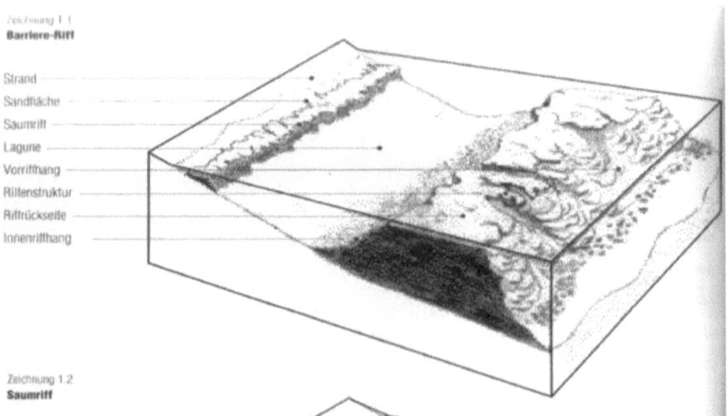

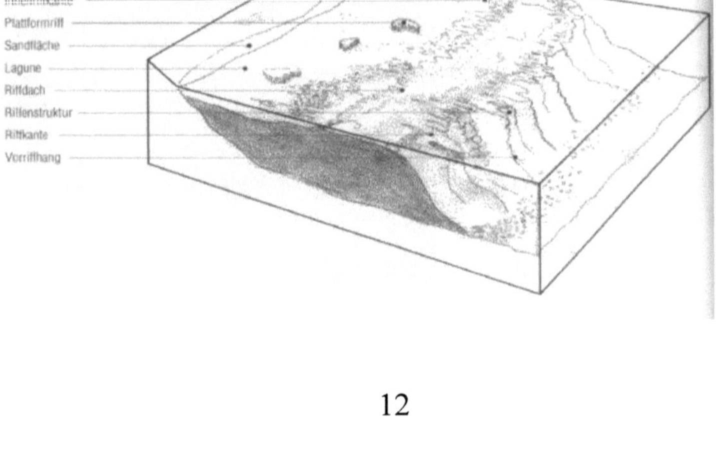

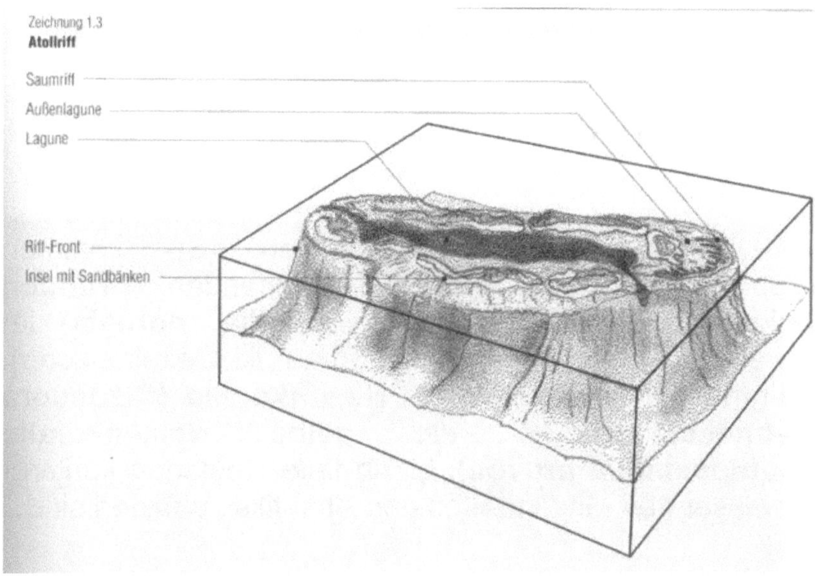

Beschreibung der Riffarten

Saumriffe treten in Flachmeeren, in Küstennähe auf und verlaufen parallel zur Küste, von der sie durch Lagunen getrennt sind. Diese Riffe sind relativ jung und weisen besonders viele lebende Korallen an der zum offenem Meer gelegenen Seite auf.

Wallriffe verlaufen ebenfalls parallel zur Küste, sind aber meist älter. Sie liegen bis zu fünf Kilometer vor der Küste.

Atolle entstehen nur in tieferem Wasser. Sie sind rund und an den äußeren Hängen eines versunkenen Vulkangipfels entstanden.

Korallenbänke sind flachrückig und bilden sich auf untermeerischen Plateaus.

Man findet sie in flachem Wasser ab etwa 1,20m Wassertiefe, aber auch in größeren Tiefen. Meist kann man ein Riff nicht einem einzigen Typus zuzählen, sondern stellt eine Kombination aus mehreren dar.

Korallen und die aus ihren Kalkskeletten und Skleriten entstandenen Riffe sind viel älter als die Menschheit.

Steinkorallen der kalten Meere

Einige Vertreter der Familie

Allerdings gibt es auch außerhalb der tropischen Meere in den kalten Meeren Steinkorallen. So kommen beispielsweise die einzeln lebenden **runden Nelkenkorallen (Gattung Caryophyllia inornata)** im Litoral vor (unter Litoral versteht man die Gezeitenzone), während die koloniebildende **Rasenkoralle (Cladocora cespitosa)**, sowie die **gelbe Nelkenkoralle (Leptopsammia pruvoti),** bis in tiefe Regionen kühlerer Gewässer des Mittelmeeres und Atlantiks zu finden sind.

Runde Nelkenkoralle:
(Gattung Caryophyllia inornata)

Rasenkoralle:
(Cladocora cespitosa)

Nelkenkoralle:
(Leptopsammia pruvoti)

Die meisten Korallen aber sind auf Dauer bei Wassertemperaturen unter 20°C nicht lebensfähig und sind daher auf tropische Meere beschränkt.
Einen Grund für den Wärmebedarf stellen

- **Symbiontische Algen (Zooxanthellen)** dar, die im Gewerbe der Korallen leben. Die Algen brauchen Licht und Wärme, um durch Photosynthese aus Kohlendioxid und Wasser, Nährstoffe für sich und ihre Wirte herstellen zu können. Die mit Algen in Symbiose lebenden Korallen, kommen daher bevorzugt in flachen, lichtreichen Gewässern vor. Sie benötigen klares Wasser, bei dem keine Sedimente das einfallende Licht abschwächen und das Korallenwachstum ersticken.

Andere Arten wie die **Augenkoralle (Lophelia pertusa)**, welche vor der Nordostküste Schottlands und Irlands „Riffe“ bildet und in 300 – 1000 m Tiefe vorkommt und die bis zu einem Meter hohe Kolonien bildende **gelbe Baumkoralle (Dendrophyllia ramea)** aus dem Mittelmeer und dem Atlantik, gedeihen auch bei kühleren Temperaturen. Ihre Polypen ernähren sich ausschließlich von organischen Schwebstoffen aus dem Wasser, da sie kein Licht zum Leben brauchen. Sie existieren hauptsächlich in größeren Tiefen.

Gelbe Baumkoralle:
(Dendrophyllia ramea)

<u>Lebt in über 100m Tiefe</u>

Bedeutung der Riffe

Da sich an den Korallenriffen Fische und andere Meerestiere ansiedeln, stellen die Korallenriffe ein unerschöpfliches Nahrungsreservoir für Mensch und Tier dar. Fast ein Fünftel aller Nahrung aus dem Meer kommt von den Korallenriffen. Wenn man bedenkt, dass etwa 60 Prozent der Weltbevölkerung in Küstennähe lebt, dann kann man die Wichtigkeit dieses Lebensraumes als Nahrungsquelle für den Menschen erkennen.
Korallenriffe sind auch wichtige Sturmbarrieren.
Leider zerstören Umweltverschmutzung und unvorstellbare Ausbeutung diese Riffe in zunehmenden Maße. Die Folgen sind katastrophal.
Auch durch die globale Erwärmung und den Anstieg des Meeresspiegels sind die Riffe sehr gefährdet.
Nach dem zweiten Weltkrieg haben die Menschen durch die stete Verbesserung der Tauchausrüstung, mehr über die Unterwasserwelt herausgefunden, als sie je zu hoffen wagten. So können wir heute Lebewesen vom Flachmeer bis zur Tiefsee unter Wasser beobachten. Die Ergebnisse und Bilder die wir so erhalten, zeigen uns, wie ernst die Lage in manchen Regionen der Meere ist. Auf Grund dessen müssen wir den Schutz der Korallenriffe sehr ernst nehmen, ehe sie irreparabel geschädigt sind.

Lebensräume der Meere

Wir teilen die Lebensräume der Meere in Gruppen ein:

- Das freie Wasser als Lebensraum: **das PELAGIAL**
  Die Lebewesen des freien Wassers: **NEKTON und PLANKTON**

- Der Meeresgrund als Lebensraum: **BENTHAL**

- Der Meeresgrund im eigentlichen Sinn: **SUBLITORAL**

- Die Zone der Algen: **PHYTAL**

Das Meerwasser
Erkenntnisse der Wissenschaft

Das Meerwasser enthält zum Großteil Kochsalz sowie ein Gemisch verschiedener Salze. Um nicht den Salzgehalt aller Meere in Promille darzustellen, verwenden wir eine Faustregel:
In **1** Liter Wasser befinden sich etwa **2** Esslöffel Salz

Die Erkenntnis der heutigen Wissenschaft zeigt uns, dass jegliches Leben aus dem Meer stammt. Man sollte wissen, dass es nachweislich 86 Elemente im Meerwasser gibt.
Im menschlichen Blut wurden genau diese 86 Elemente ebenfalls nachgewiesen.

Noch weitere Fragen?

Das Leben der Korallen

Korallen sind sehr einfach gebaute wirbellose Meerestiere. Anders als die Schwämme, besitzen sie schon ein einfaches Nervensystem und einen Verdauungsapparat. Wie ihre Verwandten, die Seeanemonen und die Quallen, gehören Korallen im zoologischen System zur Unterabteilung der Hohltiere (Coelenterata).
Anders als bei den Quallen treten bei Korallen keine Medusen (quallenartige Schwimmgeneration) mehr auf. Die Polypen (Korallentierchen) können sich durch Sprossung (ungeschlechtlich) vermehren oder auch geschlechtlich fortpflanzen. Wenn die schwimmfähigen Larven einen geeigneten Untergrund gefunden haben, setzen sie sich für immer fest. Seeanemonen sind Einzelpolypen ohne Kalk- oder Hornskelett. Manche Arten erreichen Durchmesser von über einem halben Meter. Hornkorallen, wie die Seefächer, besitzen **polypenfreie** hornartige Stiele mit **polypentragenden Kielen**. Steinkorallen bilden zum Teil bäumchenartige Formen, doch sie besitzen **Kalk- statt Hornskelette**.
Das Kalkskelett der Steinkorallen besteht aus **Kalziumcarbonat,** es wird aus dem Meerwasser gewonnen und in den Epithelzellen des Fußes und der unteren Körperwand des Polypen eingelagert. Das kalkige Außenskelett schützt den Korallenpolypen. Bei Gefahr kann er sich in diese Schutzhülle zurückziehen.
Lebende Korallen sind oft bunt gefärbt. Das Farbspektrum reicht von cremeweiß über verschiedene Rot-, Grün- und Brauntöne bis Schwarz. Doch wenn die Polypen absterben, schwindet die Farbenpracht schnell.
Wenngleich Korallen Fleischfresser sind (sie fangen kleine Tierchen aus dem Meerwasser), haben viele Arten in bestimmten Zellen symbiotische Algen (Zooxanthellen) eingelagert. Da die Algen Licht benötigen, um durch

Photosynthese Nährstoffe herstellen zu können, sind sie auf sonnige Gewässer beschränkt. Die Korallen wie auch die Algen können unabhängig voneinander überleben, doch das Zusammenleben (Symbiose) bringt Alge wie Tier Vorteile, sodass man diese Arten selten für sich allein antrifft.
Eine Welt ohne diese leuchtend bunten Geschöpfe mit ihren außergewöhnlichen, oft fragilen Formen und Ansammlungen, wäre unvorstellbar und ein unwiederbringlicher Verlust für die gesamte Menschheit.

Der Ernährungskreislauf

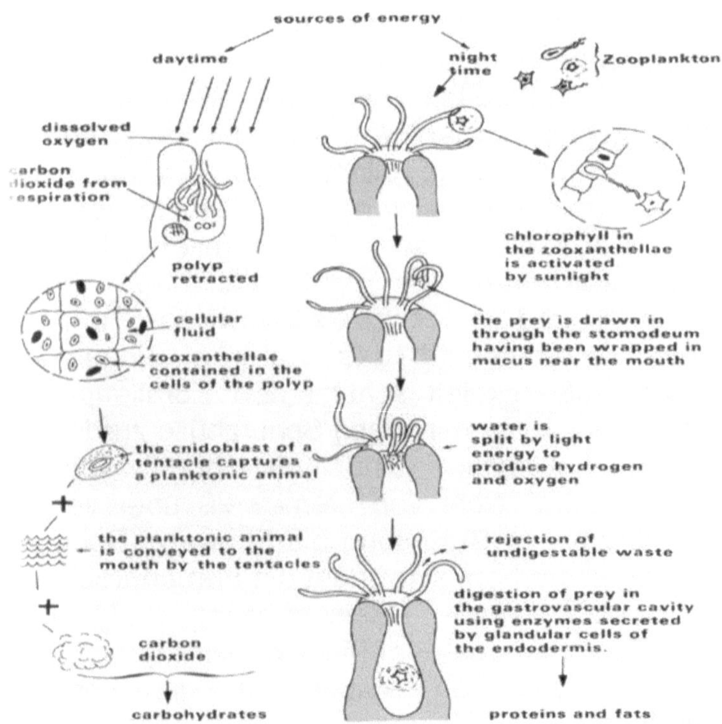

Steinkorallen

Klasse: Anthozoa (Blumentiere)

Unterklasse: Hexacorallia (sechsstrahlig)

Einige Vertreter der Familie

- Riffbildende Steinkorallen sind die größten Baumeister der Welt. Sie werden beim Bilden der Riffe außerdem noch von Kalkalgen unterstützt. Man nennt sie **HERMATYPISCHE** Korallen (hermatypisch leitet sich vom griechischen Wort „herma“ ab und heißt Klippe, Stütze, Riffe). Hermatypische Korallen leben ausschließlich in der kleinsten Symbiose der Welt mit den Zooxanthellen und benötigen viel Licht und Sonne. Sie sind koloniebildend und die Polypen sind miteinander verbunden.

- Nicht riffbildende Steinkorallen nennt man **AHERMATYPISCHE** Korallen, die ohne Zooxanthellen leben. Sie kommen in dunklen Zonen vor und benötigen wenig bis kein Licht. Sie bilden ausschließlich Einzelpolypen.

Generell wachsen fingerförmige Korallen (Acropora) schneller als Gehirnkorallen (Goniastrea).

STEINKORALLEN

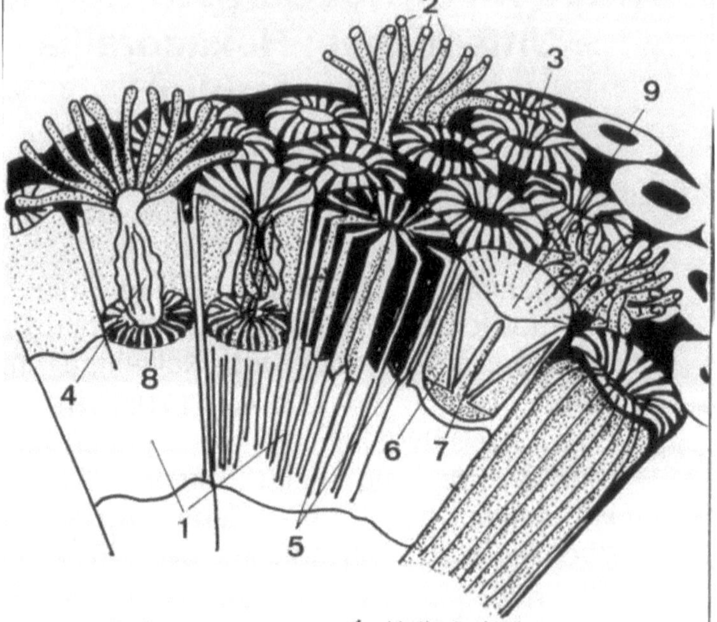

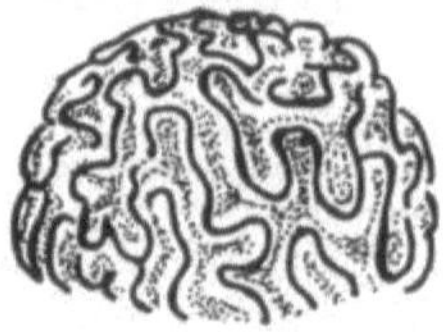

Hirnkoralle

1 Kalkskelett
2 Polyp, expandiert
3 Polyp, eingezogen
4 Magenraum
5 Kalksepten
6 Theca
7 Columella
8 Basalplatte
9 Corallit

Hermatypisch

Einige Vertreter der Familie

- Fingerförmige Koralle (Acropora)
- Gehirnkoralle (Goniastrea)
- Porenkoralle (Porites)
- Wabennetzkoralle (Favia spec.)
- Knopfkoralle (Monastrea curta)
- Robuste Doldenkoralle (Lobophyllia spec.)
- Buschkoralle (Pocillopora damicornis)
- Margeritenkoralle (Goniopora spec)
- Rinnenkoralle (Pachyseris speciosa)
- Blasenkoralle (Plerogyra sinuosa)
- Salatkoralle (Tubinaria mesenterina)

Fingerförmige Koralle:
(Acropora)

Gehirnkoralle:
(Goniastrea)

Porenkoralle:
(Porites)

Wabennetzkoralle:
(Favia spec.)

Knopfkoralle:
(Monastrea curta)

Robuste Doldenkoralle:
(Lobophyllia spec.)

Buschkoralle:
(Pocillopora damicornis)

Margeritenkoralle:
(Goniopora spec.)

Rinnenkoralle:
(Pachyseris speciosa)

Blasenkoralle:
(Plerogyra sinuosa)

Salatkoralle:
(Tubinaria mesenterica)

Ahermatypisch

Einige Vertreter der Familie

- Orange Rohrkoralle (Tubastrea coccinea)
- Ovale Pilzkoralle (Ctenactis echinata)
- Gelbe Nelkenkoralle (Leptopsammia pruvoti)
- Sternkoralle (Astroides calycularis)
- Rasenkorallen (Cladocora cespitosa)

Orange Rohrkoralle:
(Tubastrea coccigea)

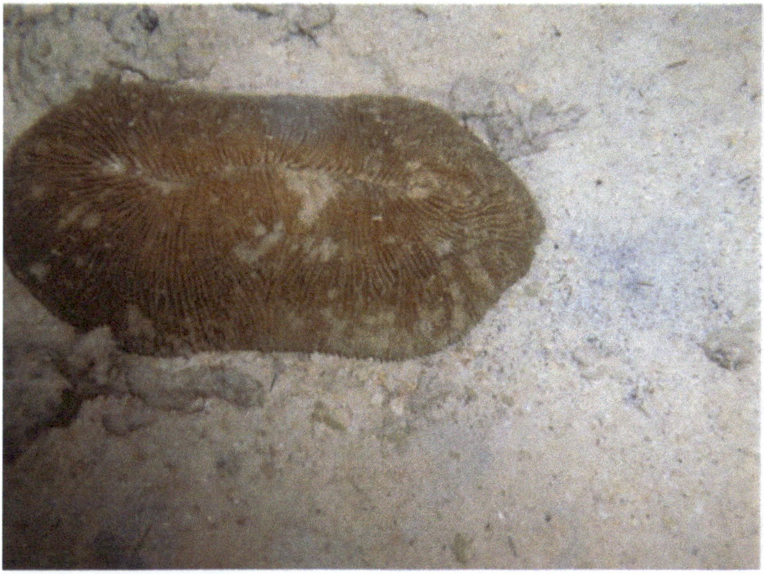

Ovale Pilzkoralle:
(Ctenactis echinata)

Gelbe Nelkenkoralle:
(Leptopsammia pruvoti)

Sternkoralle:
(Astroides calycularis)

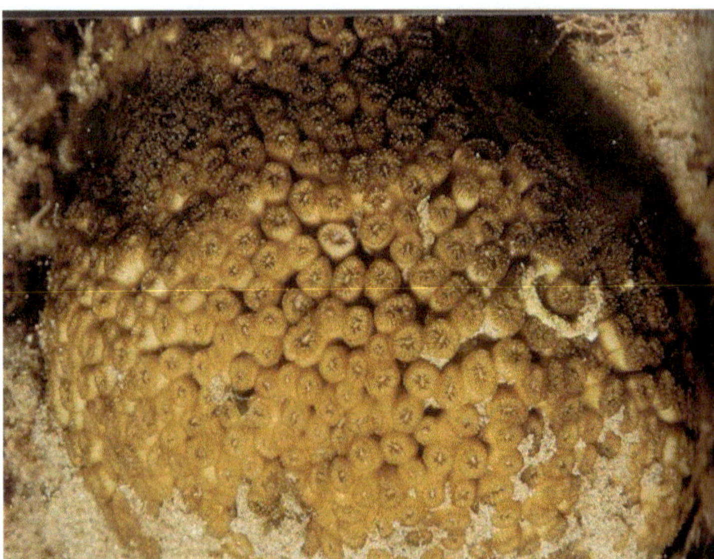

Rasenkorallen:
(Cladocora cespitosa)

Die Ernährung der Steinkorallen

Die Steinkorallen ernähren sich von:

- Tierischem Plankton
- Gelösten Nährstoffen
- Assimilationsprodukten der Zooxanthellen

Die Fortpflanzungsstrategien der Korallen

Sexuelle Vermehrung

Die sexuelle Fortpflanzung der Korallen findet auf zweierlei Weise statt:

- Einige Korallen sind Brüter, bei denen Befruchtung und Embryonalstadium im Inneren des Polypen stattfinden.
- Andere sind Freileicher, die ihre Keimzellen synchron in das Umgebungswasser abgeben, wo dann die Embryonalentwicklung stattfindet.

Die meisten Korallen besitzen beide Geschlechter im selben Polypen. Einige Korallen sind jedoch auch getrennt geschlechtlich. Bei hermatypischen Korallen werden Eier und Spermien entweder separat abgegeben, oder in Ei- Sperma- Bündeln, die sich kurz nach der Eiabgabe öffnen. Auch können hermytypische Korallen Brüter sein. Die Spermien treffen im Gastralraum auf die Eier und befruchten diese. Die Larven reifen heran und werden später an die Umgebung abgegeben. Das Brüten von Planula-Larven scheint in der Karibik die vorherrschende Fortpflanzungsweise zu sein, während im Pazifik und im Roten Meer das Freileichen weitgehend verbreitet ist.

Bei ahermatypischen Korallen ist die interne Befruchtung und das Erbrüten von Larven die typische Vermehrungsart. Die Korallen, die ihre Larven im Inneren erbrüten, können auf eine Keimzellabgabe verzichten, da die Eier im Körperinneren bleiben und nur die Spermien an die Umgebung abgegeben werden. Es findet die Befruchtung während des ganzen Jahres statt.
Die Larven der Korallen werden als Planula-Larven bezeichnet und können sowohl aus einer geschlechtlichen als auch aus einer ungeschlechtlichen Fortpflanzung stammen.

Schema

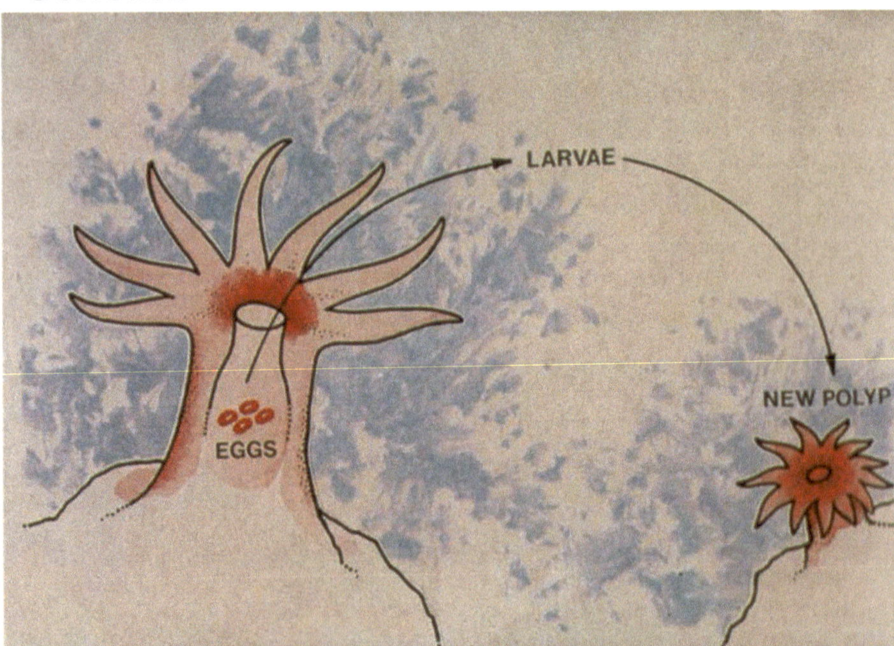

Sexual reproduction by fertilisation of egg and sperm and formation of a planula larva

Asexuelle Vermehrung

Weitaus öfter vermehren sich Korallen asexuell und zwar auf sehr vielfältige Weise, was auch die asexuelle Produktion von Larven einschließt. Die asexuellen Vermehrungsarten der Korallen schließen auch das Erbrüten asexuell erzeugter Planula-Larven ein. Das Ausformen von Polypenbällen, die sogenannte Polypenausbürgerung, Spaltung und Fragmentation, das Auswachsen von Polypen und die Polypenknospung.

Das Wachstum einer Koralle kommt durch eine asexuelle Vermehrung von Polypen zustande. Alle Polypen einer Korallenkolonie sind nichts anderes als „geklonte" Nachkommen eines Primärpolypen, der auf verschiedene Weise entstanden sein kann. Die Verbreitung einer Korallenart wird ganz wesentlich von der Art und Weise bestimmt, auf die sich ihre Polypen vermehren. Eine weitere Vermehrungsweise, bei der das Klonen von Polypen und die Fragmentation miteinander kombiniert werden, ist die Formierung der sogenannten Polypenbälle. Wenn die Satellitenkolonie einer Koralle, durch ihr Wachstum schwer geworden ist, führt das Gewicht dieser Tochterkolonie zum Bruch des verbindenden Gewebes, wodurch sich die Tochterkolonie von der Mutterkolonie trennt.

Darüber hinaus können großpolypige Korallen, freihängende Septen produzieren, die ein wenig der Polypenmasse des Muttertieres mit sich führen. Das Eigengewicht dieser Anhangsgebilde führt durch Zug eine Trennung vom Muttertier herbei und es entsteht eine neue Koralle.

Schema

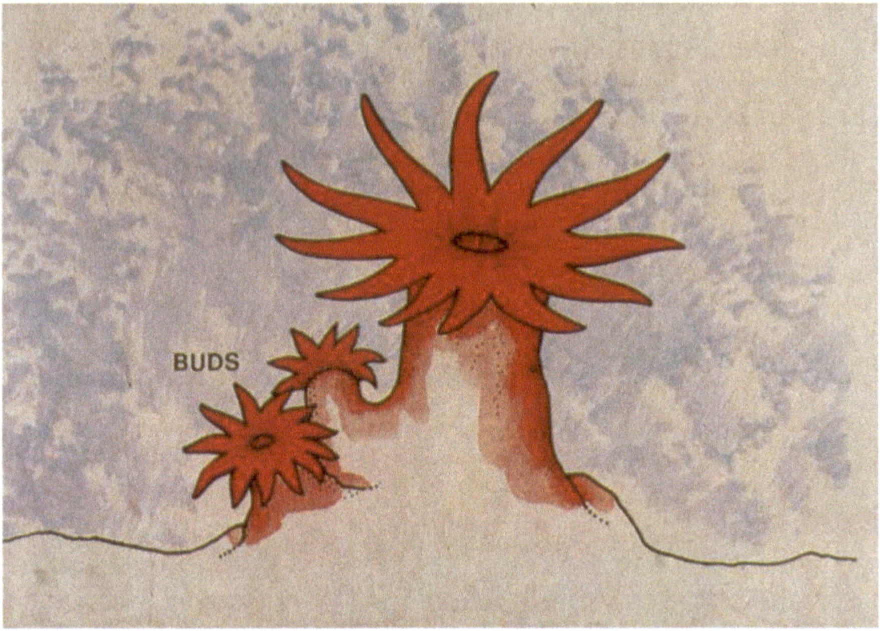

Asexual reproduction by budding of Polyps

Kalkbildung der Korallen

Wie bereits erwähnt, helfen die Zooxanthellen auch beim Aufbau des Korallenskelettes. Korallen, denen kein ausreichendes Licht zur Verfügung steht, produzieren erheblich langsamer Kalk. Es ist die schnelle Kalkbildung die den Korallen dazu verholfen hat, die wichtigsten Riffbaumeister zu werden weil bei ihnen die Neubildung von Kalksubstanz enorm rasch ist (hermatypische Koralle).
Die ahermatypische Koralle (größte Verbreitung die Rohrkoralle [Tubastrea]). Ihr natürlicher Standort ist in dunklen Bereichen des Riffes, wo viel nährreiches Plankton – die Nahrungsquelle der Tubastrea – zur Verfügung steht. Sie wächst sehr langsam da geringe Kalkbildung erfolgt.

Kalksynthese

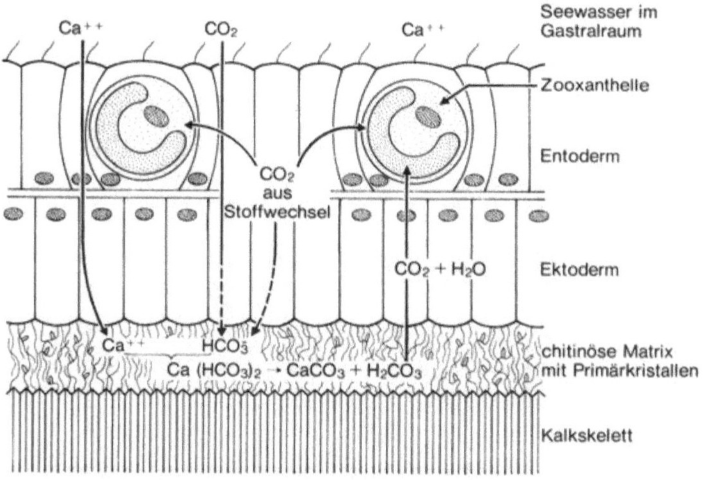

Schema der Kalkbildung bei Steinkorallen

Feuerkorallen
Klasse: Hydrozoa

Einige Vertreter der Familie

- Feuerkoralle (Milleopora dichotoma)
- Zartgliedrige Feuerkoralle (Milleopora tenella)
- Violette Hydrokoralle (Distichopora violacea)
- Zarte Fingerkoralle (Stylaster spec.)

Sie werden öfter mit Steinkorallen verwechselt. Die Kolonien formen Äste, Platten, Säulen und andere Formen.
Charakteristisch für alle Arten ist das Vorhandensein zweier verschieden großer Porenarten.
Bei den großen Poren handelt es sich um „Gastroporen", in dem sich sogenannte Gastrozooiiden befinden, die Nahrung aufnehmen.
Die kleinen Poren werden als Dactyloporen bezeichnet. Um jede Gastropore herum befinden sich fünf – sieben Dactyloporen, die zum Futterfang eingesetzt werden. (Die Koralle sieht wie mit vielen kleinen Härchen bestückt aus).
Die Dactyloporen enthalten einen Giftapparat, der auch uns Menschen erhebliche Schmerzen bereiten kann, die trotz medikamentöser Behandlung eine lang bleibende Erinnerung hinterlässt (Am eigenen Leibe verspürt).
Stylaster und Distichopora nässeln nicht so stark wie Milleopora.
Von Stylaster und Distichopora ist noch wenig bekannt.

Feuerkoralle:
(Milleopora dicotoma)

Zartgliedrige Feuerkoralle:
(Milleopora tenella)

Violette Hydrokoralle:
(Distichopora violacea)

Zarte Fingerkoralle:
(Stylaster spec.)

Symbiontische Algen
Zooxanthellen

Zooxanthellen finden wir in den meisten „Riffbildenden Korallen“, vielen Weichkorallen (Octocorallia), einiger Gorgonienarten, Seeanemonen, Krustenanemonen, Scheibenanemonen und in Riesenmuscheln (Familie Tridacnidae).

Bei lebenden Korallenstöcken herrschen bräunlich-grünliche Farben vor. Die Ursache sind gelbbraune, einzellige Algen (Zooxanthellen), die in Entodermzellen der riffbildenden Korallen leben und sich dort vermehren. Es handelt sich um die engste aller möglichen Symbiose-Formen.

Der Korallenpolyp hält seinen Zooxanthellenbestand (ca. 1.000.000.000 Algenzellen pro cm² wurden gezählt) konstant und stößt unzählige Algen aus.
Junge neu angesiedelte Korallenpolypen müssen von Zooxanthellen infiziert werden.

Bei lebendgebärenden Korallen ist schon die Planula mit Algenzellen behaftet, so wurde in einer nur 1 mm langen Porites-Larve bereits 7.400 Zooxanthellen nachgewiesen!

Den Zooxanthellen kommt zudem eine entscheidende Rolle bei der Kalkbildung der Steinkorallen zu.

Krustenbildende Kalkalgen

Kalkalgen scheiden Kalk in Form von Aragonit entweder zwischen ihren Zellenwänden oder außerhalb des Thallus ab. Beim Aufbau und der Konstruktion von Korallenriffen haben sie eine außerordentlich große Bedeutung. Zum einen binden und verpacken sie loses Material miteinander, zum anderen liefern sie ähnlich den Steinkorallen, das notwendige Kalziumkarbonat für den Riffbau. Das Bild zeigt eine schindelförmig wachsende Kalkrotalge, die auf abgestorbenem Korallengestein lebt und großflächig ihr Siedlungsareal bedeckt. Viele tierische Weidegänger sind ihre besonderen Feinde, die sie abgrasen, abbrechen, abfressen oder zerkleinern. Die Algen liefern letztlich den biogenen Kalk, der in die Ritzen der Riffe eindringt und das gesamte System miteinander verbindet und verfestigt.

Rote Kalkalge

Weichkorallen

Klasse: Anthozoa (Blumentiere)
Unterklasse: Octocorallia (achtstrahlig)

Einige Vertreter der Familie

Die Gattung ist eine sehr vielgestaltete Tiergruppe.
Dazu zählen:

- Weichkorallen
- Orgelkoralle (Tubiopora musica)
- Blaue Koralle (Heliopora coeruela)
- Lederkorallen
- Seefächer (Gorgia).
- Seefedern (Pennatulacea)

Wie Steinkorallen gehören auch die Weichkorallen der Klasse Anthozoa an. Sie unterscheiden sich von einander dadurch, dass jeder ihrer Polypen acht Fangarme besitzt. Ein weiteres Merkmal der meisten Weichkorallen ist das Vorhandensein winziger Seitenäste an den Tentakeln, die als „Nadeln“ bezeichnet werden. Diese sehen wie eine Feder oder ein Palmenblatt aus. Jedoch nicht alle diese Korallen haben „Nadeln“.
Ein wichtiges Merkmal ist das Vorhandensein kleiner stacheliger Skelettelemente, die „Sklerite“ heißen und als Stützapparat dienen.
Die Sklerite bestehen aus Kalziumcarbonat.
Ausnahmen der Weichkorallen sind die „Orgelkoralle“ und die „Blaue Koralle“, die beide feste Skelette bilden.

Die Orgelkoralle (Tubiopora musica)

Bei der Orgelkoralle ist das Skelett rot bis dunkelrot gefärbt. Die Tentakeln sind jedoch weiß bis cremefärbig oder moosgrün und so muss man genau hinsehen, um sie bestimmen zu können.

Orgelkoralle:
(Tubiopora musica Skelett)

Orgelkoralle:
(Tubiopora musica)

Die Blaue Koralle (Heliopora coerulea)

Die blaue Koralle ist riffbildend. Sie ist in ihrem Biotop cremefärbig, sehr selten sind ihre Ränder bläulich gefärbt. Sie sieht der Feuerkoralle (Milleopora) sehr ähnlich.

Bricht jedoch eine Korallenverzweigung ab, ist diese Bruchstelle blau.

Blaue Koralle:
(Heliopora coeruela)

Weichkorallen
Unterklasse: Octocorallia

- Straußenkoralle (Anthelia spec.)
- Palmenkoralle, Röhrenkoralle (Clavularia spec.)
- Großpikel-xenie (Xenia macrospiculata)
- Röhrenkoralle (Pachyclavularia)
- Bäumchenweichkoralle (Lemnalia spec.)
- Bäumchenweichkoralle (Dendronephthya gigantea)
- Bäumchenweichkoralle (Dendronephthya hemprichi)
- Bäumchenweichkoralle (Dendronephthya klunzingeri)

Straußenkoralle:
(Anthelia spec.)

Palmenkoralle:
(Clavularia spec.)

Großpikel-Xenie:
(Xenia macrospiculata)

Röhrenkoralle:
(Pachyclavularia)

Bäumchenweichkoralle:
(Lemnalia spec.)

Bäumchenweichkoralle:
(Dendronephthya gigantea)

Bäumchenweichkoralle:
(Dendronephthya hemprichi)

Bäumchenweichkoralle:
(Dendronephthya klunzingeri)

Lederkorallen
Unterklasse: Octocorallia

Einige Vertreter der Familie

- Sarcophyton
- Lobophytum
- Sinularia

Die meisten Lederkorallen sehen wie Pilze aus. Sie haben ein großes fleischiges (ledriges) Gewebe. Diese Korallen haben die Fähigkeit mit Hilfe ihrer röhrenförmigen Hohlräume bei Licht diese mit Wasser zu füllen und sich zu vergrößern. Bei Dunkelheit geben sie das Wasser ab und ziehen sich zusammen.
Mit ihren Tentakeln filtern sie Plankton und schwebende Partikel aus dem Wasser.

Pilzlederkoralle:
(Sarcophyton spec.)

Fingerlederkoralle:
(Lobophytum spec.)

Sinularia spec.

Seefächer (Gorgia)
Unterklasse: Octocorallia

Einige Vertreter der Familie

- Prächtige Knotenkoralle (Acabaria splendens)
- Hicksons Riesenfächer (Subergorgia hicksoni)
- buschförmige Rindenkoralle (Rumphella spec.)
- Rote Peitschen-Gorgonie (Junceella juncea)

Die Gorgonien sind meist fächerartig verzweigte, fingerförmige Kolonien von vielen kleinen Polypen. Die Kolonien erhalten durch ein Stützskelett aus elastischen Fasern genug Stabilität, die es ihnen ermöglicht, starke Wasserströmungen zu nutzen. So können sie das dort herabsinkende, vorbeitreibende Plankton und schwimmende Partikel aus dem Wasser entnehmen.

Aufbau einer Gorgonie (Schema)

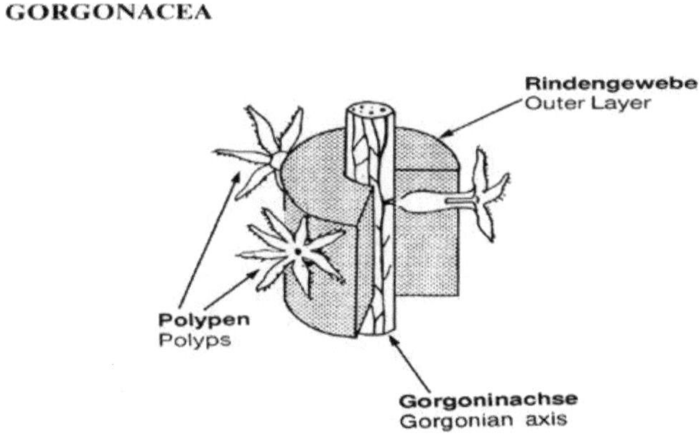

Prächtige Knotenkoralle:
(Acabaria splendens)

Hicksons Riesenfächer:
(Subergorgia hicksoni)

buschförmige Rindenkoralle:
(Rumphella spec.)

Rote Peitschen-Gorgonie:
(Junceella juncea)

Seefedern (Pennatulacea)
Unterklasse: Octocorallia

Einige Vertreter der Familie

- Helle Seefeder (Sarcoptilus spec.)
- Bunte Seefeder (Virgularia spec.)
- Rote Seefeder (Pennatula rubra)
- Walzen-Seefeder (Cavernularia obesa)

Die Seefedern sind die einzige Gruppe der Octocorallia, die nicht fest mit dem Untergrund verwachsen sind. Die bis zu 40 cm großen Tierstöcke zeigen eine Teilung:

- Den in Sediment eingegrabenen keulenartigen Fuß
- Einen einfach verzweigten federartigen Filtrationsapparat.

An die in einer Richtung abstehenden Äste, (entgegen der Meeresströmung) sitzen die tentakelbewehrten Tochter-polypen, die Plankton und schwebende Partikel filtrieren. Sie sind getrennt geschlechtlich.

Schema Familie Seefedern

SEEFEDERN

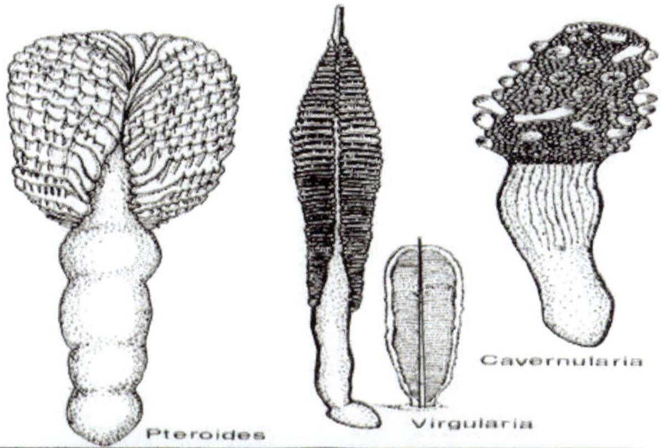

Helle Seefeder:
(Sarcoptilus spec.)

Bunte Seefeder:
(Virgularia spec.)

Rote seefeder:
(Pennatula rubra)

Walzen-Seefeder:
(Cavernularia obesa)

Anemonen

Klasse: Actiniaria
Unterklasse: Hexacorallia

Einige Vertreter der Familie (Wirtsanemonen)

- Blaue Scheibenanemone (Discosoma spec.)
- Teppichanemone (Stichodactyla haddoni)
- Einfärbige Lederanemone (Heteractis crispa)
- Prachtanemone (Heteractis magnifica)
- Riesen Wirts-Anemone (Stichodactyla gigantea)
- Kupferanemone (Entacmaea quadricolor)

Die Seeanemone ist ein einzeln lebendes Tier, ohne Skelett. Sie hat einen scheibenartigen Körper, der sich mit dem Fuß an Hartsubstrat befestigt oder im Sediment eingräbt. Die Mundscheibe ist mit mehreren Tentakelkränzen ausgestattet, die um die Mundöffnung angeordnet sind. Sie können sich durch Aufnahme von Wasser zu beträchtlicher Größe aufblähen oder durch Ablassen des Wassers wieder zusammenziehen.

Viele Seeanemonen leben in Symbiose mit Fischen (Anemonenfische), Krabben und Garnelen.

Einige Arten besitzen Zooxanthellen die hermatypischen Korallen.

Sie leben von Plankton und Kleingetier.

Schematische Darstellung einer Seeanemone

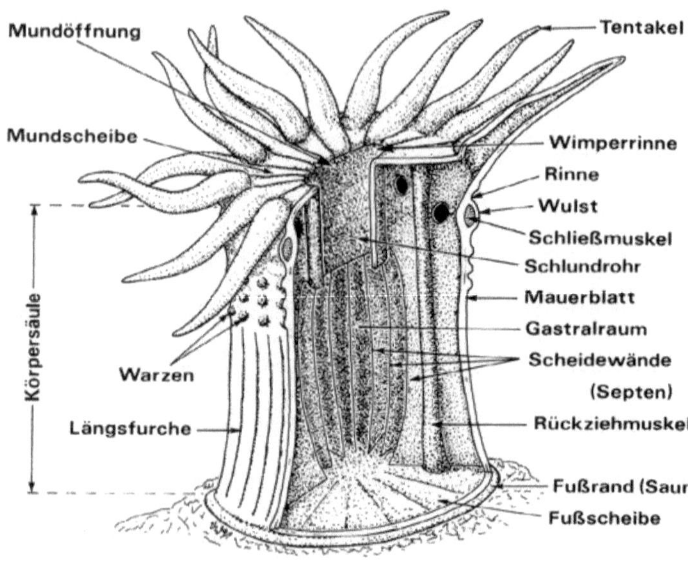

Blaue Scheibenanemone:
(Discosoma spec.)

Teppichanemone:
(Stichodactyla haddoni)

Einfärbige Lederanemone:
(Heteractis crispa)

Prachtanemone:
(Heteractis magnifica)

Riesen Wirts-Anemone:
(Stichodactyla gigantea)

Kupferanemone:
(Entacmaea quadricolor)

Seerosen (Actiniaria)
Unterklasse: Hexacorallia

Einige Vertreter der Familie

- Die Felsenaktinie (Phymanthus spec.)
- Sandrose (Edwardsia spec.)
- Dreiaktinie (Triactis produca)
- Purpurrose oder Pferdeaktinie (Actinia equina)

Die Seerosen fallen uns deshalb auf, weil sie sehr bunt gefärbt sind. Typisch für ihre Art sind mehrere Tentakelkränze auf dem oberen Ende des Körpers. Die Tentakel sind entweder spitz, fingerförmig, spiralig oder extrem kurz. Sie sind hohl und die Hohlräume sind mit dem Gastralraum (Magen) verbunden. Meist ist eine Fußscheibe vorhanden, mit der sie sich am Substrat festhalten kann. Die Seerosen selbst sind Fleischfresser. Sie leben von Krebsen, Fischen und anderem Getier.

Sie leben auch in Symbiose mit Krebsen und kleinen Garnelen. Seerosen kommen in allen Riffbereichen vor.

Vermehrung: Seerosen sind getrennt geschlechtlich. Die Männchen stoßen Spermien aus, die sich mit den von dem Weibchen ausgeschiedenen Eiern verbinden, oder die im Magenraum der Weibchen lagernden Eiern befruchten.
Daraus entwickelt sich eine Actinulalarve die planktonisch lebt und sich nach ca. 2 Monaten an einer Stelle festsetzt.

Eine Ausnahme sind die Arctinien, die mit Einsiedlerkrebsen zusammenleben. Sie sind durch ihren Partner mobil und dadurch unabhängig von einem Standort.

Schema einer Seerose

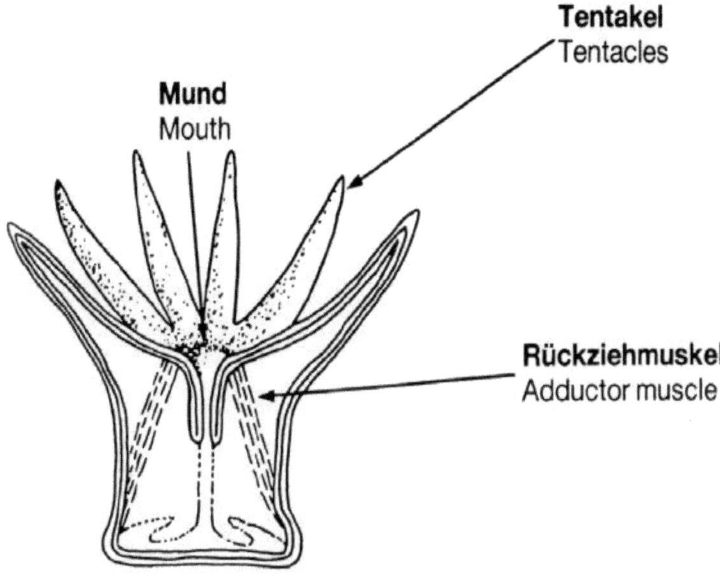

Felsenaktinie:
(Phymanthus spec.)

Sandrose:
(Edwardsia spec.)

Dreiaktinie:
(Triactis producta)

Purpurrose oder Pferdeaktinie:
(Actinia equina)

Zylinderrosen (Ceriantharia)
Unterklasse: Hexacorallia

Einige Vertreter der Familie

- Mittelmeerzylinderrose braun (Ceriantus membranaceus)
- Mittelmeerzylinderrose grün (Ceriantus membranaceus)
- Kariben – Zylinderrose (Arachnanthus nocturnus)
- Gebänderte – Zylinderrose (Ceriantus mana)
- Zwerg – Zylinderrose (Pachycerianthus soletarius)

Die Zylinderrosen leben in einer Röhre, aus der nur der Oberteil des Körpers herausschaut. Die Mundscheibe ist von einem inneren und äußeren Kranz zahlreicher langer, fadenförmiger Tentakeln umgeben. Bei der Bildung der Wohnröhre werden Schleim und Sediment miteinander vermischt. Die Röhre reicht bei großen Tieren bis zu 40 cm tief in den Boden. Bevorzugter Bodengrund ist der Schlick.

Zylinderrosen sind solitär lebende festsitzende Blumentiere.
Die langen Randtentakeln dienen zum Beutefang, während die kurzen inneren Mundtentakeln die Beute zum Mund führen.

Vermehrung: In der Regel werden die Geschlechtszellen frei in das Wasser abgegeben. Viele Arten haben eine lange planktonische Larvenphase, bevor sie sich festsetzen.

Ernährung: Sie ernähren sich von allerlei Kleingetier. Es gibt ca. 50 erforschte Arten, die nicht selten bis zu 50 Jahre alt werden.

Mittelmeer – Zylinderrose braun: (Ceriantus membranaceus)

Mittelmeer – Zylinderrose grün:
Ceriantus membranaceus

Kariben – Zylinderrose:
(Arachnanthus nocturnus)

Gebänderte Zylinderrose:
(Ceriantus mana)

Zwergzylinderrose:
(Pachycerianthus soletarius)

Krustenanemonen (Zooantharia)
Unterklasse: Hexacorallia

Einige Vertreter der Familie

- Gelbe Mittelmeerkrustenanemone (Parazoantus axinellae)
- Indische Krustenanemone (Palythoa indica)
- Australische Krustenanemone (Palythoa australiensis)
- Indopazifische Krustenanemone (Palythoa tuberculosa)
- Dunkelbraune Krustenanemone (Zoanthus spec.)

Krustenanemonen leben entweder einzeln, oder in umfangreichen Kolonien. Sie sind sozusagen organisiert. Während Einzelpolypen mit ihrem Fuß im Sediment stecken, überziehen die koloniebildenden Arten den Untergrund großflächig.

Sie sind über sogenannte Stolone miteinander verbunden.

Sie leben oft in Symbiose mit Schwämmen, Gorgonien, Einsiedlerkrebsen etc. Die meisten Arten sind Partikelfresser, die sich vom tierischen Plankton ernähren. Einige Arten leben in Symbiose mit Zooxanthellen und ernähren sich von den Stoffwechselprodukten dieser einzelligen Alge.

Vermehrung: Krustenanemonen sind entweder getrennt geschlechtlich, oder Hermaphroditen. Eine ungeschlechtliche Vermehrung führt zur Koloniebildung.

Die Krustenanemonen sind sehr giftig. Aus der Gattung Palythoa, haben Chemiker das Gift Palytoxin isoliert, das zu den giftigsten Naturstoffen gehört. Es ist giftiger als das Gift der Königskobra.

Trotzdem haben sie Feinde: z.B. die Feilenfische.

Gelbe Mittelmeerkrustenanemone:
(Parazoantus axinellae)

Indische Krustenanemone
Palythoa indica

Australische Krustenanemone:
(Palythoa australiensis)

Indopazifische Krustenanemone:
(Palythoa tuberculosa)

Dunkelbraune Krustenanemone:
(Zoanthus spec.)

Scheiben- und Korallenanemonen (Corallimorpharia)

Einige Vertreter der Familie

- Blaue Scheibenanemone (Discosoma spec.)
- Elefantenohr (Metarhodactis spec.)
- Juwelenanemone (Pseudocorynactis spec.)
- Scheibenanemone (Rhotactis rhodostoma)
- Korallenanemone (Rhotactis spec.)
- Scheibenanemone (Discosoma spec.)

Korallen- und Scheibenanemonen sind in allen Weltmeeren mit sehr wenigen Arten vertreten. Etwa 40 Arten sind bekannt.
Man findet sie als Sekundärsiedler inbereits abgestorbenen Riffteile. Sie sind sehr anpassungsfähige Tiere, die auch in verschmutzten Meeresteilen leben können. Die Größe ist sehr unterschiedlich, von 1 cm bis 100 cm. Sie leben entweder einzeln oder in Kolonien. Die Tentakeln sind reichlich mit Nesselkapseln bestückt, die zum Fangen der Beute sowie zur Verteidigung eingesetzt werden. Sie ernähren sich von allerlei Kleingetier. Auch gehen sie eine Symbiose mit den Zooxanthellen (einzellige Algen) ein. Vermehrung: Durch die ungeschlechtliche Vermehrung entstehen Tiergemeinschaften, die sich oft aus hunderten Einzeltieren zusammensetzen können. Eine geschlechtliche Vermehrung führt nach der Befruchtung der Eizellen zur Ausbildung von freischwimmenden Planula Larven, die zuerst planktonisch leben, sich aber später festsetzen und eine neue Kolonie gründen.

Blaue Scheibenanemone:
(Discosoma spec.)

Elefantenohr:
(Metarhodactis spec.)

Juwelenanemone:
(Pseudocorynactis spec.)

Scheibenanemone:
(Rhodactis rhodostoma)

Korallenanemone:
(Rhodactis spec.)

Scheibenanemone:
(Discosoma spec.)

Muscheln
Klasse: Bivalvia

Die Edelsteine der Meere

Einige Vertreter der Familie

- Pilgermuschel (Chlamys pallium)
- Große Perlauster (Pinctada maxima)
- Honigwaben-Auster (Hyotissa hyotis)
- Kamm-Muschel (Chlamys glabra)
- Lagunen-Herzmuschel (Cerastoderma edule)
- Messermuschel (Ensis siliqua)
- Venusmuschel (Lioconcha castrensis)
- Rauhe Feilenmuschel (Limaria scabra)

Schema einer Muschel

BIVALVIA

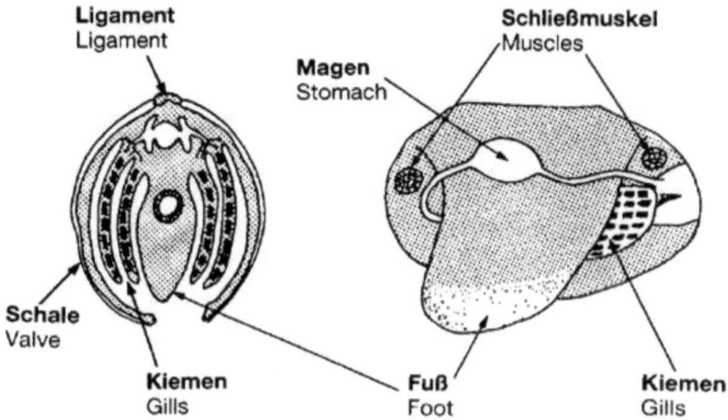

Ich möchte an dieser Stelle erwähnen, dass die meisten Taucher und Schnorchler den Unterschied zwischen Muschel und Schnecke nicht kennen. Dabei ist dies sehr einfach. Die Muscheln haben **immer zwei Schalen**, die Schnecken bestehen aus einem Gehäuse.

Gebildet werden diese Schalen aus Kalziumkarbonat, die durch ein Scharnierband (das Ligament) verbunden sind und durch einen starken Muskel geschlossen werden können.

Muscheln sind sogenannte Strudler und Kleinpartikelfresser (Filtrierer). Über die Kiemen gelangen die Nahrungsstoffe in den Mund und dann in den Magen.

Einige Muscheln besitzen einen muskulösen Fuß, der hauptsächlich zum Graben und Fortbewegen eingesetzt wird.

Bei den festsitzenden (sessilen) Arten besitzen die Muscheln Bysusfäden, mit deren Hilfe sie sich am Substrat festhalten.

Vermehrung: Muscheln sind entweder zwittrig, oder getrennt geschlechtlich. Die Geschlechtsprodukte werden in das Wasser abgestoßen, wo auch die Befruchtung stattfindet.

Der größte Feind der Muschel ist der Mensch.
Denken wir an die Zuchtperlenindustrie, Miesmuschelkulturen und an tausende von Sammlern.

Pilgermuschel:
(Chlamys pallium)

Große Perlauster:
(Pinctada maxima)

Honigwaben-Auster:
(Hyotissa hyotis)

Kamm-Muschel:
(Chlamys glabra)

Lagunen-Herzmuschel:
(Cerastoderma edule)

Messermuschel:
(Ensis siliqua)

Venusmuschel:
((Lioconcha castrensis)

Rauhe Feilenmuschel:
(Limaria scabra)

Riesenmuscheln Lamellenkiemer (Tritacnidae)

Einige Vertreter der Familie

- Tridacna gigas
- Tridacna derasa
- Tridacna maxima
- Tridacna crocea
- Tridacna squamosa
- Tridacna tevoroa
- Tridacna rosewateri
- Hippopus hippopus
- Hippopus porcellanus

Den Riesenmuscheln, im Volksmund auch Mördermuscheln genannt, möchte ich ein eigenes Kapitel widmen. Sie sind einer der buntesten und schönsten Muscheln der Meere. Leider werden sie auch als Delikatesse sehr geschätzt. Insgesamt gibt es neun verschiedene Arten.
Vermehrung: Die Riesenmuscheln vermehren sich geschlechtlich. Da sie festsitzende Muscheln (Bysusfäden) sind, müssen sie Eier oder Spermien ins freie Wasser abgeben. Sie sind Zwitter und können zu gleich weiblich alsauch männlich sein. Sie produzieren sowohl Eier als auch Spermien. Da aber eine Selbstbefruchtung von Natur aus unmöglich ist, sind, Ei- und Spermienabgabe zur gleichen Zeit nicht möglich. So sind die Tiere an ihre Artgenossen angewiesen.

Schema des Vermehrungszykluses

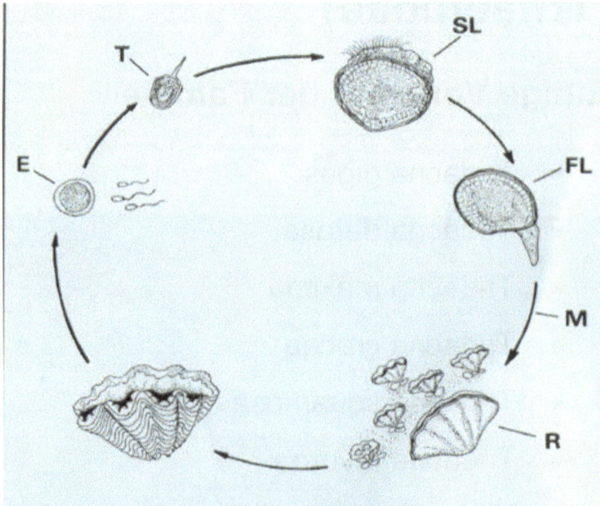

Vermehrungszyklus der Riesenmuschel.
E = Eizelle, T = Trochophore, SL = Schwimmlarve, FL = Fußlarve, M = Metamorphose, R = Riesenmuschel

Mördermuschel:
(Tridacna gigas)

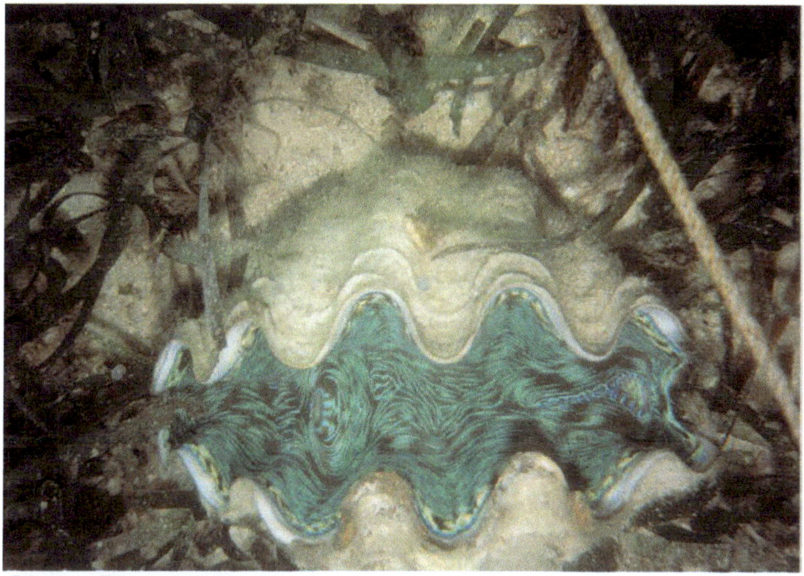

Glatte Riesenmuschel:
(Tridacna derasa)

Variable Riesenmuschel:
(Tridacna maxima)

Bohrende Riesenmuschel:
(Tridacna crocea)

Schupprige Riesenmuschel:
(Tridacna squamosa)

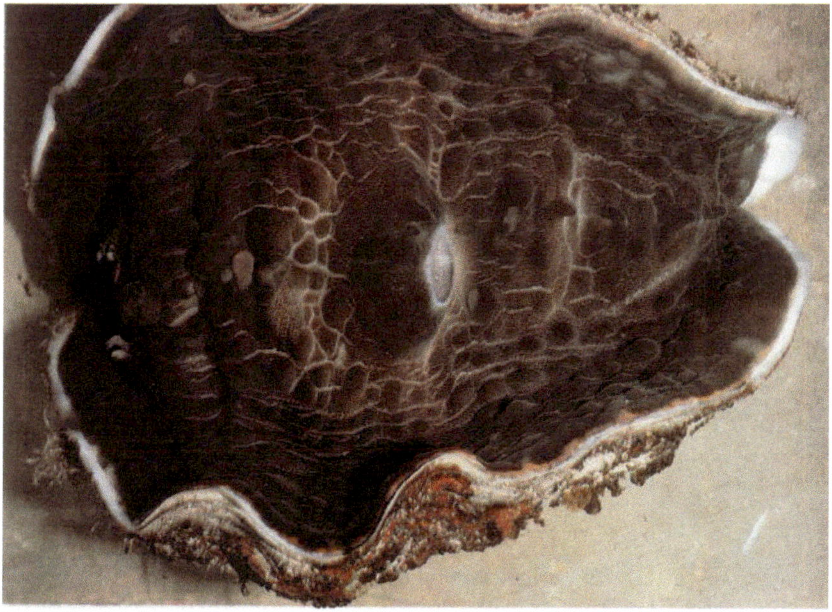

Tridacna tevoroa

Tridacna rosewateri

Hippopus hippopus

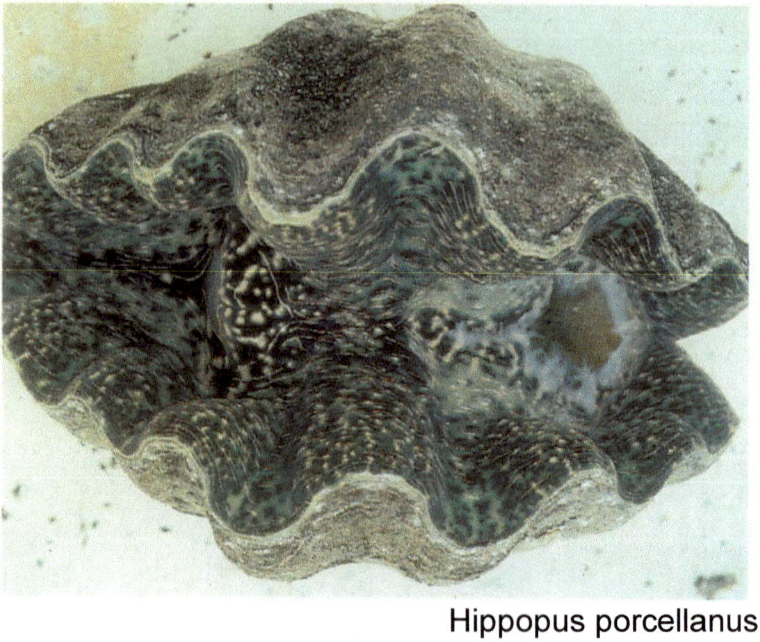

Hippopus porcellanus

Unfälle durch Gifttiere

Die Waffen der Gifttiere sind:

- Giftstacheln
- Giftpfeile
- Nesselzellen
- Giftzähne

Die Tiere setzen ihr Gift ein:

- Zur Verteidigung
- Zum Futtererwerb
- Zur Warnung
- Zum Schutz ihrer Behausung
- Gegenüber Konkurrenten

Die Giftstoffe setzen sich aus verschiedenen Substanzen zusammen, die man als Toxine bezeichnet.

Einige Gifttiere:

- **Nesseltiere** (gefährlich – sehr gefährlich)
- **Quallen** „Portugiesische Galeere“ (Physalia physalis) hat meterlange Tentakeln, die an der Wasseroberfläche treiben (sehr gefährlich – meist tödlich)
- **Schirmquallen** (Scyphozoa) Große Quallen (sehr schmerzhaft)
- **Würfelquallen** (Chiropsalmus quadrigatus) Kleine Quallen (sehr gefährlich)
- **Krustenanemonen** (Palythoa) Sehr starkes Gift (für Menschen schmerzhaft)
- **Steinkorallen** (Milleopora) (Sehr schmerzhaft)
- **Kegelschnecken** (Conus textile) Sehr gefährlich – meist tödlich (lähmendes Gift)
- **Seeigeln** (Diademus) Sehr schmerzhaft (Stacheln schwer entfernbar)
- **Stachelrochen** (Schmerzhaft - gefährlich)
- **Rotfeuerfische** (Dendrochirus, Pterois) (Sehr gefährlich – tödlich)
- **Steinfische** (Inimicus, Synanceia) (Sehr gefährlich – tödlich)
- **Drachenköpfe** (Gefährlich – sehr gefährlich)

Was bedeuten die Toxine für uns Menschen?

Leichte Verletzungen:

- Durch einen Stich bzw. Biss oder Kratzer gelangt das toxische Gift in unser Gewebe. Es führt zu starken Schwellungen bis zu unerträglichen Schmerzen.

Schwere Verletzungen:

- Über die Blutbahn werden die toxischen Gifte im Körper verteilt und können so zu Lähmungen, Herz- und Atemstillstand führen.
- In fernen tropischen Ländern kommt es vielfach vor, dass kaum sichtbare Wunden durch Meerestiere nicht erkannt werden und im Todesfalle Herzstillstand diagnostiziert wird.

Tödliche Nesseltiere:

1

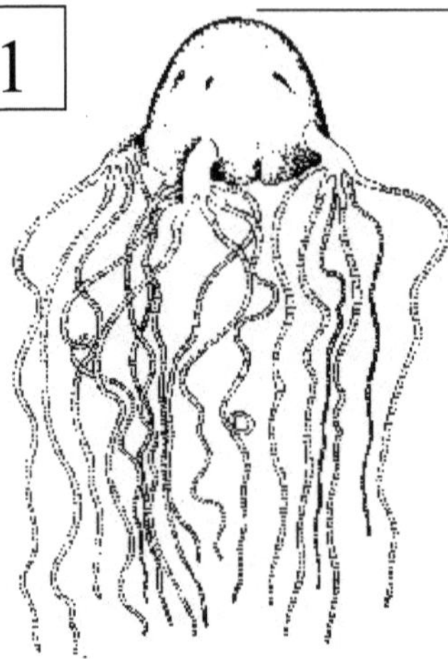

2

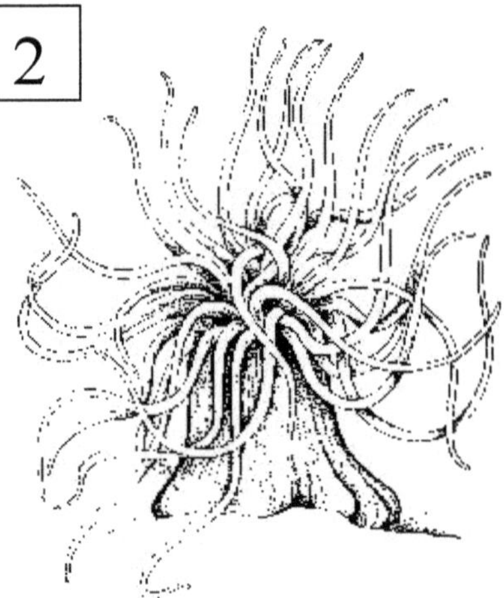

3

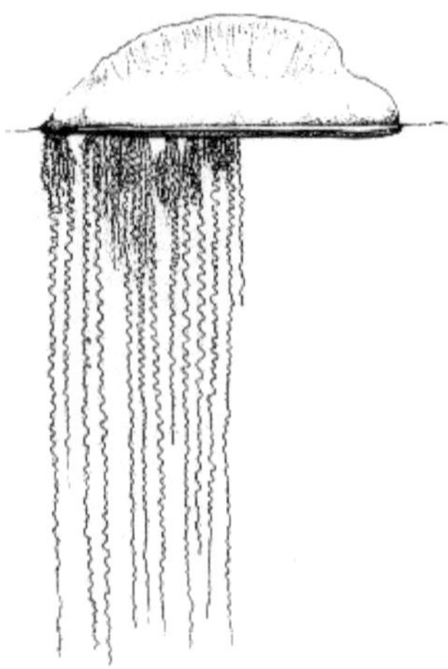

4

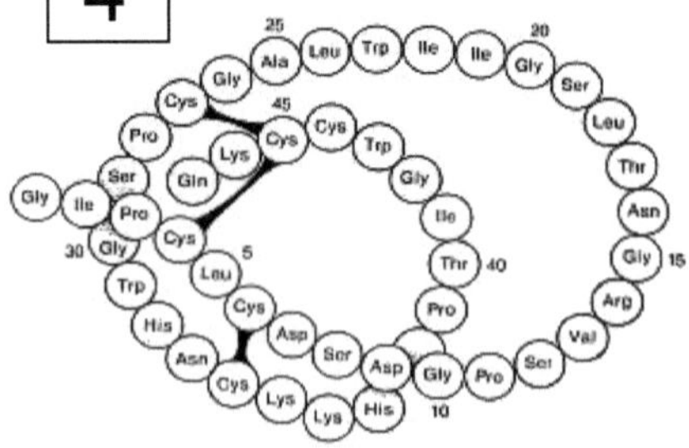

Formel: Anemonia-Toxin II (ATX-II)

1 Australische Würfelqualle
2 Anemonia sulcata
3 Portugisische Galere
4 Anemonia Toxin II (ATX-II)

Erste Hilfe Massnahmen

- Bei Tauchern sollte ein sofortiges Abbrechen des Tauchganges erfolgen und der offensichtliche Verletzte in Sicherheit gebracht werden (Land oder Boot).
- Beruhigung des Betroffenen (Stabile Seitenlage bei Bewusstlosigkeit).
- Rasche Verständigung eines Arztes bzw. Transport in ein Spital.
- Kontrollieren der Atmung und des Kreislaufes.
- Bei Unfällen mit Gifttieren, soll die Wunde mit Essig ausgewaschen werden und wenn möglich Stachel entfernen.

Verhinderung von Giftunfällen

- Keine Tiere und Algen berühren oder sammeln.
- Von giftigen Tieren Abstand halten.
- Sich an keine Spalten, Ritzen oder Höhlen etc. festhalten.
- Keine Korallen berühren.
- Tiere nicht füttern.
- Bei Nachttauchgängen Fische nicht direkt beleuchten.
- Wo Quallen auftauchen, Wasser meiden.
- Seeigel aus dem Weg gehen.

CITES
(Washingtoner Artenschutzabkommen)

Ich möchte noch auf das Washingtoner Artenschutzabkommen eingehen.

Da die Bedrohung von Tier- und Pflanzenwelt durch Umwelteinflüsse, Handel und Tourismus sehr groß geworden ist, ist das Washingtoner Artenschutzabkommen (CITES), 1973 beschlossen worden. Bisher sind 138 Staaten beigetreten, auch die Staaten der EU. Es sind laut Vertrag bis jetzt ca. 35000 Tiere und ca. 38.000 Pflanzenarten geschützt worden.

Am meisten sollen die von der Ausrottung bedrohten Arten geschützt werden. Wie wir wissen stehen hier an erster Stelle: Wale, Schildkröten und Tiere mit Stoßzähnen aus Elfenbein.

Bei Nichtbeachtung dieses Abkommens werden enorme Geldstrafen, (sogar Freiheitsstrafen) verhängt.

Ich bitte alle, die dieses Buch lesen, auch diese geschützten Arten wie Gorgonien, Schnecken, div. Muscheln, Seepferdchen dort zu belassen wo sie bewundert werden können.
Wir alle wollen doch nicht zum Raubbau der Natur beitragen !

Für legale Forschungen, die zur Beobachtung, Zucht und Vermehrung führen, kann eine Erlaubnis bei der zuständigen Regierung (Ministerium) beantragt werden. Nach eingehender Prüfung werden Wissenschaftler, Meeresbiologen oder Meeresforscher diese Erlaubnis meist erhalten.

Zum Schluß möchte ich zwei Originale einer Ausfuhrgenehmigung der Republik Mauritius und Ägypten zeigen.

/8 10:56 +230 2384184 ALBION FISHERIES -->4151043 Pg. 01

REPUBLIC OF MAURITIUS

Ministry of Agriculture, Fisheries and Co-operative
Albion Fisheries Research Centre
Albion, Petite Rivière

23/03/98

To Whom It May Concern

This Ministry has no objection to Mr Herman Decker of Austria, carrying along with him the following specimens:

S/N	Species	Number
1	Soft coral	3
2	Starfish	6
3	Clam	5
4	Little soft coral	5
	Total	**19**

The above mentioned specimens will be used for further scientific studies in Austria.

He is scheduled to depart on Monday 23rd March 1998 by Flight MK028 and his passport No is U0056089.

Ministry of Agriculture
ALBION FISHERIES RESEARCH CENTRE
(M. Nunkoo)
for Permanent Secretary

وزارة الدولة لشئون البيئة
جهاز شئون البيئة
الادارة المركزية لحماية الطبيعة
محميات جنوب سيناء

South Sinai Protectorate allows Mr. Hermann Decker, President of OFUS (Organization For Underwater Science), to do the following:

He may collect small broken specimen of coral for the purpose of scientific studies upon endemic corals of the Red Sea. The specimen of corals will be put back into the sea after research.

Mr. Hermann Decker hereby certifies not to damage or harm any of living corals or other marine life.

ألى من يهمه الامر

نفيد سيادتكم علما بان إدارة محميات جنوب سيناء تسمح للسيد/هيرمان ديكر بتجميع قطع صغيرة من الشعاب المرجانية المدمرة (المكسورة) وذلك بغرض دراستها وتعريفها فوق المركب أو على الشاطئ ثم أرجاعها للماء مرة أخرى .

إدارة
محميات جنوب سيناء

Ministry of State for Environmental Affairs
Egyptian Environmental Affairs Agency
Nature Conservation Sector

Dr. Mohammed Salem Abdel Rahman
Marine Biologist

South Sinai Sector: Sharm El Sheikh, Hadbet Om El Sayed - P.O.Box 19
Tel. Office : [illegible] - Tel. Home : [illegible]
E-mail: [illegible]

السيد هيرمان ديكرب بصفته رئيس
أوفوس يسمح أن يستمر لمتابعة دراسته!

Für persönliche Notizen:

ANSCHRIFT:

Hermann Decker

Karlsteinerstraße 23
A-3843 Dobersberg
Email: hermann.deckertsw@gmx.at